石油石化企业劳动防护用品系列口袋书

头部防护

中国石油化工集团公司安全监管局
中国石油化工集团公司劳动防护用品检测中心　组织编写

U0263980

中国石化出版社

内 容 提 要

本书是《石油石化企业劳动防护用品系列口袋书》丛书之一，对头部防护用品的相关知识进行了细致阐述。

本书采用漫画与文字相结合的形式，对石油石化企业主要面临的头部防护危害因素特点、主要防护用品及其使用维护保养等知识进行描述，图文并茂，适合作为企业一线员工的培训教材。

图书在版编目（CIP）数据

石油石化企业劳动防护用品系列口袋书.头部防护 / 中国石油化工集团公司安全监管局，中国石油化工集团公司劳动防护用品检测中心组织编写 . —北京：中国石化出版社，2018.5（2024.5重印）

ISBN 978-7-5114-4850-7

Ⅰ.①石… Ⅱ.①中… ②中… Ⅲ.①石油企业 – 头部 – 个体保护用品 Ⅳ.① X924.4

中国版本图书馆 CIP 数据核字 (2018) 第 085877 号

中国石化出版社出版发行

地址：北京市东城区安定门外大街58号
邮编：100011   电话：（010）57512500
发行部电话：（010）57512575
http://www.sinopec-press.com
E-mail:press@sinopec.com
北京富泰印刷有限责任公司印刷
全国各地新华书店经销

＊

787 毫米 ×1092 毫米 32 开本 1.5 印张 23 千字
2018 年 8 月第 1 版 2024 年 5 月第 4 次印刷
定价：20.00 元

《石油石化企业劳动防护用品系列口袋书》

编 委 会

主　　任：王玉台

副 主 任：郭洪金　赵　勇

委　　员：成维松　王　坤　孙友春

　　　　　王　强　傅迎春　杨　雷

　　　　　于新民

《头部防护》编委会

主　编：于新民　盛华

副主编：杨　雷　任晓辉

编写人员：于新民　盛　华　杨　雷　任晓辉
　　　　　刘灵灵　姚　磊　孙少光　金业海
　　　　　张文沛　刘桂法　沈绍军　孙民笃
　　　　　单国良　解用明　李淑霞　胡馨云
　　　　　范　荣　熊敏敏

序

　　劳动是整个人类生活的第一个基本条件，它既是人类社会从自然界独立出来的基础，又是人类社会区别于自然界的标志。由于安全是人的最基本的生理需求，所以自生产劳动之始，劳动保护措施和劳动防护用品就应运而生，这是古代劳动人民对生产劳动中无数次血的教训的总结。我国在西周至西汉时期采矿和炼铜业已相当发达，在巷道支护、矿石运输、通风、排水等各个方面都采取了安全措施，如采用了框架式支护技术防止冒顶片帮。北宋建筑学家喻皓主持建造11层的汴京开宝寺塔时，每一层都设置一帷幕，起到了安全网的作用。第一次工业革命以后，广泛的生产机械化对劳动保护提出了更高要求，而我国这一时期的劳动保护工作随着社会整体生产水平一起远远落后于西方国家。

　　改革开放以来，我国社会生产力不断快速发展，劳动保护工作愈来愈得到重视，伴随而来的是市场上劳动防护用品种类、性能、质量、舒适性等都在飞速进步。不管是国际知名品牌的劳动防护用品，还是我国自主品牌的劳动防护用品，为最大程度发挥保护作用，都针对员工的具体工作环境，向着所需防护功能集合化、智能化发展。这就对员工选择、使用、维护保养防护用品提出了更高要求。目前，我国劳动保护工作与世界发达国家存在差距，很重要的一部分就是对员工的基础培训不到位，能够正确选择、使用、维护保养防护用品的员工在全部劳动者中占比偏低，这成为了劳动保护工作的短板。

石油石化行业危险性高，危害因素复杂，是需要落实劳动保护工作的重点领域。鉴于此，中国石油化工集团公司安全监管局会同劳动防护用品检测中心组织人员编写了《石油石化企业劳动防护用品系列口袋书》。本系列口袋书按照劳动防护用品的分类进行编写，对目前员工常用的劳动防护用品的相关知识进行描述，主要包括劳动防护用品的选用原则、正确使用方法、维护保养方法、使用周期、相关标准以及具体案例，并配以简单易懂的图片，方便劳动者理解和使用。

希望本系列口袋书能够为石油石化行业劳动者合理选择使用劳动防护用品提供指导和帮助，更好地保护劳动者的生命安全和健康。

前　言

　　石油石化企业中，职工从事石油与天然气勘探开发、开采、管输、销售、石油炼制、石油化工、化纤、化肥及其他化工生产等业务，涉及岗位多，现场作业环境恶劣，导致职工工作面临众多头部危害因素，如高空坠物，机械伤害等等。一旦发生事故，极易造成人员受伤甚至死亡。

　　某企业供电单位为检修工人配备了触电报警安全帽，在供电线路检修时，由于施工配合人员未拉电闸，操作人员虽然佩戴了触电报警安全帽，但未打开报警开关致使安全帽无法报警，导致该作业人员触电身亡，造成了极其严重的人员伤亡和经济损失。因此在作业过程中，职工必须明确头部防护用品的分类、组成、使用、维护保养方法等，切实做好头部防护，避免事故发生。

　　为了让职工能更好地了解头部防护用品相关知识，编写了本书。书中配有众多插图以便于读者学习。本书旨在为大家解答以下问题：

- 石油石化企业存在哪些头部职业危害？

- 头部防护用品是如何定义的？共分为哪些类别？

- 如何选用不同类别的头部防护用品？

- 作为主要的头部防护用品，安全帽由哪些部分组成？

- 如何佩戴使用安全帽？

- 安全帽的维护保养及存放应注意哪些事项？

- 安全帽在何种情况下必须报废，不得使用？

目　录

概 述

　　在石油石化生产过程以及施工过程中，作业环境复杂，接触的大型设备多种多样，极易造成头部伤害，涉及头部的伤害主要包括物体打击伤害、高处坠落事故伤害等。

　　头部受伤的比例虽然只占到工伤事故的十分之一左右，但由此造成的死亡比例却占到第一位，可以占到工伤死亡总数的 39% 左右，因此头部防护在石油石化生产过程中至关重要。

高空坠物

当心机械伤人

当心碰头

当心卷入

物体打击

因物体击中头部致死占工伤死亡总数的比例

■ 物体打击致死
■ 其他原因

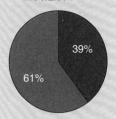

39%

61%

物体打击伤亡占工伤总数的比例

■ 物体打击伤亡
■ 其他原因

8%

92%

高处坠落

因坠落而头部损伤致死者占工伤死亡总数的比例

■ 坠落而头部损伤致死
■ 其他原因

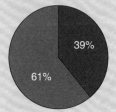

39%

61%

2

头部防护用品的分类及选用

头部防护用品是指防御头部不受外来物体打击和它种危害而采用的个体防护装备。

2.1 头部防护用品的分类及适用场所

头部防护用品分为安全帽、防护头罩和工作帽三类。

★ 安全帽分为普通安全帽和具
有特殊性能的安全帽。具有
特殊性能的安全帽包括防静
电安全帽、阻燃安全帽、抗
侧压安全帽、绝缘安全帽和
耐低温安全帽。

★ 防护头罩分为防寒帽、防晒
帽和披肩帽。

★ 工作帽是指普通工作帽。

2.1.1 普通安全帽

适用于存在坠物危险或对头部可能产生碰撞的场所。

普通安全帽

2.1.2 防静电安全帽

适用于存在坠物危险或对头部可能产生碰撞及不允许有放电发生的场所，多用于精密仪器加工、石油化工、煤矿开采等行业。

2.1.3 阻燃安全帽

适用于存在坠物危险或对头部可能产生碰撞及有明火或具有易燃物质的场所。

2.1.4 抗侧压安全帽

适用于存在坠物危险或对头部可能产生碰撞及挤压的作业场所，如坑道、矿井等。

2.1.5 绝缘安全帽

适用于存在坠物危险或对头部可能产生碰撞及带电作业场所，如电力、水利行业等。

2.1.6 耐低温安全帽（防寒安全帽）

适用于低温作业环境中存在坠物危险或对头部可能产生碰撞的场所。

防护头罩

2.1.7 普通防寒帽

适用于寒冷地区、没有坠物碰撞危险的场合。

2.1.8 防晒帽

适用于室外有阳光直晒的作业场所。

防晒帽

2.1.9 披肩帽

适用于同时对身体有部分防护要求的岗位。

披肩帽

2.1.10 普通工作帽

适用于防头部脏污、擦伤、头部被绞碾。

普通工作帽

机床

2.2 安全帽的选用

2.2.1 根据自己的需要选择适宜的品种

要根据所从事的行业和作业环境选用安全帽。例如，建筑行业一般选用普通安全帽；在电力行业，因接触电网和电气设备，应选用含特殊性能的绝缘类安全帽；在易燃易爆的环境中作业，应选择含特殊性能的防静电类安全帽。

2.2.2 根据工作的需要选择合适的款式

大沿安全帽适用于露天作业，有防日晒和雨淋的作用；小沿或无沿安全帽适用于室内、隧道、井巷、森林、脚手架等活动范围小、易发生帽沿碰撞的狭窄场所。

2.2.3 选用合格产品

应选用防护功能满足标准要求的带有特种劳动安全标志标识（LA 标识图片）的安全帽，具备同批次合格的抽检报告。

3 安全帽的组成

3.1 安全帽的外观

安全帽由帽壳、帽衬和下颚带等部分组成。

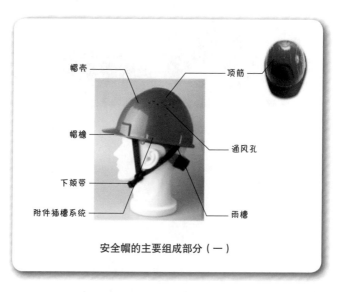

安全帽的主要组成部分（一）

安全帽的主要组成部分（二）

3.2 安全帽的内部结构

安全帽的种类品牌多种多样，以下以常见的安全帽为例介绍。

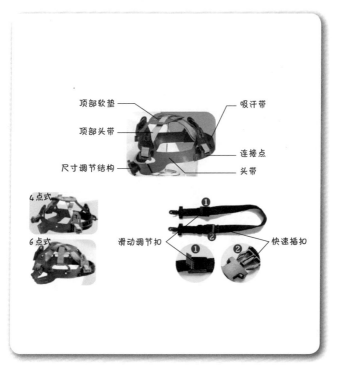

顶部软垫

吸汗带

顶部头带

连接点

尺寸调节结构

头带

4点式

6点式

滑动调节扣

快速插扣

3.3 安全帽各部分的功能

帽　壳 具有防冲击、耐刺穿等主要防护功能。

帽　衬 提供缓冲、调节松紧、增加佩戴舒适感等。

下 颏 带 防止安全帽掉落、调节松紧。

顶　筋 增加帽壳刚性。

帽　檐 防雨、遮光等。

通 风 孔 增加安全帽透气性，提高湿热环境中的佩戴舒适感。

雨　槽 起到雨水的导流作用，避免雨水积聚。

附件插槽 固定耳罩、头灯等附件。

4

安全帽的使用

4.1 安全帽使用前的检查

（1）安全帽是否在使用有效期内。

（2）安全帽各配件有无破损。

（3）安全帽颜色有无褪色。

（4）插口是否牢靠。

（5）绳带是否系紧。

（6）帽衬与帽壳之间的距离应在 25 ~ 50mm 之间。

（7）帽衬调节部分是否卡紧。

（8）经过强冲击的安全帽必须进行更换，不可以继续
使用。

4.2 安全帽性能指标要求

根据 GB 2811—2007《安全帽》，对以下指标作要求。

★ 一般要求：可调节性、各部分尺寸、材料、质量。

★ 基本性能：冲击吸收性能、耐刺穿性能、下颏带强度。

冲击吸收性能：5kg 重锤、1m 高度自由落下、头模（500kg）受力 ≤ 4900N。

耐刺穿性能：3kg 锥体、1m 高度落下、不得触及头模（< 25mm）。

下颏带强度：下颏带发生破坏时的力值为 150 ~ 250N。

★ 特殊性能：电绝缘性、阻燃性、侧向刚性、抗静电性、耐低温性。

侧向刚性：421.4N 的作用力、最大变形 < 40mm、残余变形 < 15mm。

阻燃性能：5s 自灭。

4.3　安全帽的佩戴方法

第一步：整理安全帽配件。

第二步：连接安全帽配件。

a. 连接帽衬与帽壳。

将帽衬的连接点以一定的角度插入插槽，直至"咔嚓"一声，然后确定其是否安装到位、足够牢固。

b. 连接帽衬与下颏带。

将连接好帽壳的帽衬平放在桌上，下颏带滑动调节扣的扣板朝下，将下颏带快速插扣一侧的连接口连接到帽壳左侧两个挂点，扣好固定住，另一侧同理。

第三步：佩戴调节安全帽

a. 扣好下颏带，调节松紧度。

b. 戴上安全帽，左手稳定帽檐，右手拇指、食指和中指旋转棘轮，调整至合适的松紧度。

4.4.1　应扣好下颏带

若不扣好下颏带，一旦发生坠落或物体打击，安全帽容易离开头部，起不到保护作用。

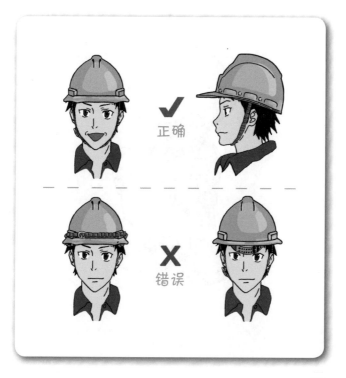

4.4.2　安全帽下不应再佩戴其他物品

如果佩戴了如草帽等物品，不能保证安全帽贴合头部，起不到充分保护作用。

4.4.3　冬季佩戴安全帽的规范

应将安全帽戴于大衣棉帽内，且必须将帽带系在颏下并系紧。

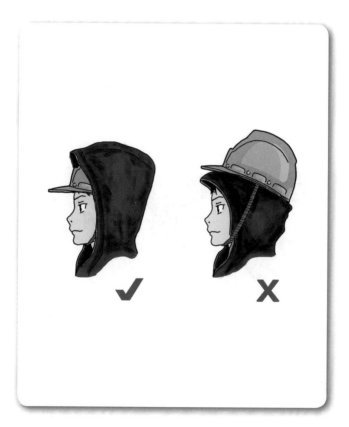

4.4.4 女员工正确佩戴安全帽规范

戴紧、戴正、帽带系于颏下并系紧，长发盘起放于安全帽内。

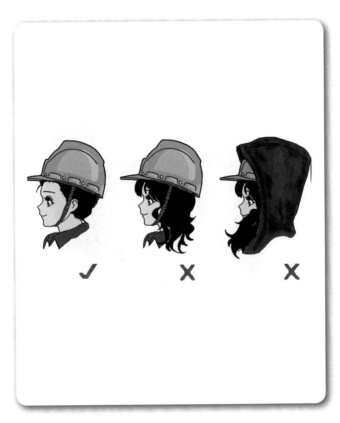

5

安全帽的维护保养及存放

5.1 清洁

帽壳与帽衬可用冷水、温水（低于50℃）洗涤。擦干后在阴凉处风干；不可靠近热源烘烤，以防帽壳变形。

5.2 存放

安全帽应储存在远离酸碱、高温（50℃以上）、阳光直射及潮湿的地方，避免重物挤压或尖物碰刺。

安全帽的维护

酸碱腐蚀

潮湿

阳光直射

重物挤压

擦拭干净

阴凉处存储放置

尖物碰刺

50+ 高温

安全帽的报废

使用期内，存在以下任何一种情况均应报废。

（1）帽壳表面有严重的磕碰、划伤痕迹；

（2）插头损坏；

（3）衬带损坏。

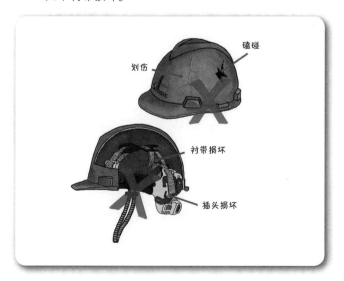

划伤
磕碰
衬带损坏
插头损坏

7

典型事故案例分析

案例一 砖头坠落事故

事故经过：

　　某作业队执行搬迁任务。吊车在吊装水龙带辊轮时，为防止水龙带辊轮旋转部位转动，张某在吊装前随手捡了一块砖头卡住辊轮旋转部位。由于吊装时的晃动，砖头坠落，砸在搬迁槽车斗内接应的刘某头部，造成其头部额骨受伤。

原因分析：

　　（1）由于吊装时的晃动，砖头坠落砸伤刘某，是事故发生的直接原因。

　　（2）张某图省事，未按照规定使用钢丝绳固定辊轮，是事故发生的主要原因。

　　（3）刘某安全意识淡薄，站在吊装物下，未佩戴安全帽，是头部受伤的重要原因。

案例二 建筑工地配合不当发生未遂事故

事故经过：

　　某建筑工地进行施工作业。搬运工郭某使用小推车预将砖头推进建筑房体内部，此时刘某在脚手架二层使用扳手拆卸脚手架螺丝，不慎将螺帽掉落，砸在郭某安全帽上，未造成人员伤害。

原因分析：

　　（1）施工作业过程中，郭某与刘某未实施风险识别，各行其是，是事故发生的重要原因。

　　（2）李某拆卸螺帽，操作不当，螺帽从高空落下，是事故发生的主要原因。幸好郭某佩戴安全帽，未造成人员伤害。